정재승의 인간탐구보고서 2
인간의 기억력은 형편없다

人類探索研究小隊 2

為什麼我們常常記不住？

企畫・鄭在勝 정재승
文・鄭在恩 정재은 李高恩 이고은
圖・金現民 김현민
譯・林盈楹

加入「人類探險研究小隊」

帶孩子認識「智人腦的驚奇」

　　如果只能選一本書讓兒童和青少年閱讀的話，那麼我一定會選擇《關於我們的科學》。究竟我們人類為什麼會這樣子行動和思考，我認為必須要讓他們認識「心理的科學」。因為在我們的孩童時期，那些讓我們非常好奇和煩惱的事情，大部分都是源自於我和家人，朋友們，亦或是鄰居的內心狀態。

　　為什麼媽媽越是不讓我做的事，我就越想做呢？為什麼爸爸比較關心哥哥，我就會覺得嫉妒，甚至也變得討厭哥哥呢？為什麼每當要考試的時候，就變得更想看課外讀物，反而不想讀學校課本呢？為什麼有了喜歡的女同學，明明應該要對她好的，卻時不時就想捉弄她呢？

　　真的有好多好想知道的為什麼。

給孩童的心理科學

　　探究內心狀態的學問，也就是腦科學與心理學，給予了我們那些關於人類的思考、判斷和行為的最有趣的解釋。

　　過去的 150 年間，神經科學家們和心理學家們發表了相當多「人類大腦如何運作並影響心理」的研究。雖然學習外國語言，或複雜的數學公式，對於正就讀小學和中學的孩子來說也很重要，但讓孩子認識「心理科學」是最重要的一門學問之一。

　　科學家對於**我是誰**，以及**我們是什麼樣的存在，人類社會為什麼是如此運作等主題**，所發表的許多研究事實，必須要讓我們的孩子認識並了解。

　　因為那些是真正對我們有益的知識。

　　不過令人感到驚訝的是，在我們的國家，一直到高中畢業都沒有機會學習腦科學或是心理學。

　　在生物課時，頂多會大概介紹「我們的大腦是一種叫神經元的神經細胞透過突觸形成連結的巨大網絡（Network），神經元之間會互相傳遞電流信息，並形成驚人的作用。」除此之外，這個世界並不教育我們的孩子「大腦和心理」的相關知識。

　　我自己有三個女兒。如果說可以為了我就讀小學的女兒們出一本書的話，我認為必須要是「專為兒童與青少年設計的腦科學」這樣的書。於是就誕生了現在這本書，準備了足足有十年的這本書，在經歷了百般波折之後，終於撥雲見日，能夠以漂亮的面貌呈現給大家。但願這本書對於所有 10 多歲孩子，

不論是渾沌的孩童時期，還是承受許多煩惱而痛苦的叛逆期，都能成為他們「關於自己的親切指引說明書」。腦科學和心理學，會將孩子們引導向有益的徬徨與真摯的反省覺察。

陌生觀察人類的日常

這是一本透過外星人的角度來探索人類的精采故事書。

四個外星生物體：阿薩，芭芭，歐洛拉，還有羅胡德從埃吾蕾行星來到了地球。

他們在埃吾蕾星球上沒有辦法繼續生活了，為了尋找可以移居的其他星球，他們被派來觀察這些地球的統治者：人類。

他們要來看看，究竟是要擊退人類們並佔領地球呢，還是和人類們共存，一起在地球上生活呢？

對第一次見到智人的埃吾蕾外星人來說，人類的所有一舉一動都是有趣的觀察項目。

像是過分的執著在臉上那些大大小小聚集在一起的眼睛、鼻子、嘴巴的形狀這件事也很有趣；還有和自己相比，地球人的記憶力也很差。甚至對於會突然就發脾氣，無法好好抑制衝動的這些人類感到相當神奇。儘管如此，人類竟然還稱他們自己是「明智的動物（Homo Sapiens，智人）」。一點也不按照

常理行動的我們，在埃吾蕾外星人眼中應該只會覺得很愚蠢吧。不過隨著他們也漸漸了解我們，應該也會發覺我們人類的優點吧！值得期待。

在孩子打開這本書的第一頁，就會開始經歷用客觀的外星人視角來觀看人類的體驗。和阿薩和埃吾蕾探查隊一樣，在觀察人類之後，也要共同參與把「探索報告書」寄送回埃吾蕾行星的過程。透過這個過程，孩子會經驗到用陌生的眼光，觀看那些過去我們認為平凡且理所當然的日常。就好像我們觀察昆蟲也會寫下記錄日記一樣，觀察人類的日常生活，並寫下探索報告書，也會帶我們認識自己。

人類是可愛又驚奇的生命體

在閱讀過程之中，孩子才會真正「理解」我們人類。就和外星生命體羅胡德一樣，一開始認定「人類真是無法理解的奇怪動物」，後來卻也慢慢的理解了我們。雖然智人的記憶中樞完全不可靠，不久前才看過的事物也會忘記，但也是因為這樣，我們為了補救不可靠的記憶中樞，獲得了「判斷什麼才是一定要記住的事物，以及什麼才是珍貴的事物的能力」我們也因此領悟到，就是那樣的能力使我們成為了更美好的存在。

朋友買的衣服，我看了也想買。雖然肚子不餓，但一看見哥哥在吃東西，我也變得想吃。光是看妹妹哭，我的眼淚也跟著快掉下來了。我們人類是一種「奇妙的跟屁蟲」。

但我們也可以意識到，就是多虧了這一點，我們能夠和其他人的情感產生共鳴，並且一起克服傷痛，戰勝困苦的逆境。

就如同阿薩和埃吾蕾探查隊，我們的孩子也會透過一邊閱讀這本書，一邊領悟到人類存在的奧妙。這樣的方式，最後外星生命體埃吾蕾人們也會認同「人類是多麼值得被愛的存在」。人類雖然極度不合理又時常衝動行事，有時候甚至還很殘暴，但如果透徹認識人類內在的本質，便能領悟到我們智人是多麼可愛的存在。但願這些埃吾蕾星球的外星生命體們不要想統治我們，而是陷入我們人類的迷人魅力中就好了。最重要的是，人類的大腦做為一輛雙頭馬車，由理性和感性這兩匹馬率領前進，為了讓我們生活的世界變得更加美好，一直不斷的努力，我希望這些年輕的讀者能夠了解到，人類的大腦就是如此驚奇的器官。我們既擁有稱作科學的精密的顯微鏡，同時還擁有稱作藝術的豐盛的樂器，我們事實上就是這樣了不起的生命體。人類具有感性，同時也是理性的存在，我們能以豐富的感性創作出梵蒂岡西斯汀禮拜堂的「創世紀」那樣的壁畫，同

時也能以理性探究出宙誕生於 138 億年前的大爆炸。

一場充滿挑戰的人類森林探險！

　　在人類的真面目全部徹底的揭開前，阿薩和埃吾蕾探查隊的「人類探索報告書」會持續不斷的發送到埃吾蕾行星。直到外星生命體充分了解到智人的大腦所擁有的神奇能力，以及其可愛的魅力為止，報告書是絕對不會終止的。我們的孩子也會一起變得更加深入的認識人類吧？我誠心的期許孩童和青少年們，在外星生命體埃吾蕾人們寫下的「人類探索報告書」中，可以經驗到發現自我的驚奇過程。因為事實上，人類探索報告書並不是埃吾蕾行星的征服者為了要統治人類社會而寫的恐怖報告書，而是外星探險家在探索這個叫做人類的森林時，記錄下充滿挑戰的報告書。那麼，大家現在就和他們一起愉快的展開這場人類探險吧！

鄭在勝（KAIST 腦認知科學系教授）

個子小、頭腦好的科學家。因為不幸變身成了地球小孩，所以每天都要去煩人的學校上課。阿薩迷們覺得沉默寡言的阿薩很神祕，但其實他只是覺得地球人很難溝通，所以才不說話。因為隔壁鄰居，不會看人眼色的桑妮一直黏著他，讓他被捲入了地球的各種事件。他想要一個人靜靜待著……

阿薩

埃吾蕾行星的科學家。非常會操作高科技設備。因為桑妮一天到晚都來家裡要找他玩，讓他很後悔之前變身成狗。一下是老爺爺，一下又是狗，讓他忙得不可開交。雖然個性很冷靜，偶爾也會露出溫暖的一面，是一個讓人無法不深陷他魅力的狗……不對，是埃吾蕾人。

芭芭

埃吾蕾行星的軍人。做事有計畫且目標導向。他是埃吾蕾探查隊中唯一一個在賺錢的人，也是一家之主。多虧他一板一眼又手腳俐落，曾經憂慮的地球生活，現在隊員適應得非常良好。他主要的日常活動就是在美髮院靜靜聽地球人聊八卦，但現在終於出現了能讓他發揮軍人能力的機會了！

歐洛拉

埃吾蕾行星的外星文明探險家。他是探查隊所有外星人中，對地球人最感興趣，且最想靠近地球人的一個。本來就很圓潤的性格，加上地球的食物很合他的胃口，現在的他，身體和心靈都正在變得更加圓潤。看電視和去便利商店這兩件事，現在成為了他的興趣，雖然看起來像是在吃喝玩樂，但他其實是在用屬於自己的方式，搜集著地球人的各種資訊。

羅胡德

埃吾蕾星球的物品

哈拉哈拉
埃吾蕾人帶來的外星物件。只要在想要的東西上掃描一下，就可以複製一個一模一樣的出來。它在第一冊裡消失不見了之後，下落便無從得知。

桑妮

小學五年級的無厘頭活潑女孩。雖然覺得隔壁新搬來的一家人哪裡怪怪的，但還是很照顧他們，每天早上都和阿薩一起結伴上學。這幾天老是有迷迷糊糊的感覺……咦，我剛剛原本要講什麼？

宥妮

國中二年級，對於減肥，外貌，還有流行都很感興趣。夢想是成為所有韓國當紅偶像的經紀人。最喜歡的食物是辣炒年糕！她是一個沒辦法輕易忘記暗戀對象的純情少女。

金老闆

是威妮的老公，也是撿撿老奶奶的女婿。有著溫和眼神和討喜笑容的不動產經紀人。如果要僱用職員的話，他希望能夠找到一個像自己一樣和藹可親，記性又好的人。

威妮院長

威妮美髮院的主人。社區的任何一個小謠言都不會放過。她對最近美髮院裡新進來的助手歐洛拉感到很滿意。歐洛拉摺疊毛巾的工夫手法非常出色……難道她以前有當過兵嗎？

撿撿老奶奶

　　威妮院長的母親。她會走遍社區的每一個角落，把所有還有用處的東西都撿起來，並把它們好好的堆放在倉庫，這除了是她的興趣，也是她的工作。她最近每天都沈迷在電視劇的那些男女主角中。電視劇就是要一起邊討論邊看才有趣啊！

盧伊

　　便利商店的工讀生。他是一個相信有外星人存在的陰謀論主張者。就在對便利商店的打工感到越來越厭倦時，他發現了可疑人物。從那個會發光的可疑物品，到每天晚上都吃燙燙麵的外星人，他發現了越來越多證據，可以支持自己所主張的陰謀。

鄭博士

　　出沒在便利商店的鬼才科學家。對工讀生盧伊來說，鄭博士說的話就像是外星人的語言。他每天都吃叫燙燙麵的泡麵。他喜歡一邊觀察那些進出便利商店裡的客人，一邊自言自語說著奇怪的話，所以被懷疑是外星人。

1

記憶是絕對
不可或缺的

地球人的記憶全都是真的嗎？

「黑西裝人現在還不知道埃吾蕾人的真面目。他們要是真的認為我們是外星人，早就把我們一網打盡了。」

芭芭的說詞也沒有用。羅胡德已經擺出馬上就要破門逃跑的架勢。

羅胡德一直嚷嚷著要回去埃吾蕾星，如果再繼續到處遊走的話，被發現真面目的機率更大。歐洛拉必須趕快讓嚇壞的羅胡德鎮靜下來。

歐洛拉突然站起來，並大喊：

「羅胡德，我們要先發制人，先抓住黑西裝人。」

什麼？光是看到黑西裝人都已經讓人怕得發抖了，現在要去抓住他？羅胡德迅速癱坐在地上。

「一定有別的方法。阿薩，想想別的方法吧！」

我想到一個好點子了。找一個無辜的地球人，然後把他塑造成外星人。

要怎麼做？地球人比想像中還聰明。

從隔天開始，埃吾蕾探查隊每天晚上都在便利商店前面埋伏。

「把泡麵博士打造成外星人」的作戰地點就是便利商店。

因為喜歡吃泡麵的博士每到了夜晚就會出現在便利商店，而會把泡麵博士是外星人的謠言到處散播的目擊者盧伊又在便利商店工作。

羅胡德溜進了便利商店。

「有賣可樂吧？」

「當然有，為什麼老是要問便利商店裡有沒有賣可樂啊？像個外星人一樣。」

「你說我是外星人？」

羅胡德的心跳差點停了下來。

「就只是說說。嘿嘿，我有告訴過您我之前撿到奇怪的東西，然後送到警察局去的事情嗎？那個東西好像是外星人的東西。我只告訴叔叔您一個人喔，聽說那個奇怪的物件後來被外星人專家拿走了。」

盧伊知道得太多了。

羅胡德本來想要馬上拔腿就跑，但想起了作戰計畫，他馬上又打起精神來。

「沒錯，這附近好像住著外星人。之前你曾說很像是外星人的那個博士，難道不是真的外星人嗎？」

「對吧？叔叔您看他也覺得很奇怪吧？」

「不過，那個博士最近都沒有來買泡麵吃嗎？」

就在那一刻。鄭博士走進了便利商店。

羅胡德向著正在埋伏的阿薩發送了信號。

「來了！那個博士來了！」

「您好久沒來了呢，今天也是吃燙燙麵嗎？」

盧伊向鄭博士搭話，並寒暄了幾句。

「哦！你記得我吃的泡麵牌子？」

鄭博士驚訝的睜大了眼睛。

「記得客人的喜好是我們打工生的必備技能啊！」

盧伊的話都還沒有說完，鄭博士又開始展現了像是

外星人的反應。

「我的記憶要怎麼被竄改？它在我的腦子裡呢！您難道是指有人會偷走它嗎？」

盧伊聽了鄭博士的話，因為覺得很荒謬，因此說話的音量大了起來。鄭博士搖了搖頭，平靜的說：

「要竄改記憶比想像中簡單。如果周圍的人們總是反覆說著同一個謊話，以後我們就會誤以為那是我們自己的記憶。」

「可是博士您每次都買燙燙麵啊，我的記憶是事實。沒錯吧？」

「嗯，那的確是事實。」

奇怪的地球人鄭博士仔細看了看泡麵，深深嘆了一口氣。

「我喜歡燙燙麵的記憶是真的嗎？我該怎麼確定不是有人捏造了我的記憶呢？」

叮咚！伴隨著鈴聲，阿薩走進了便利商店裡面。這個像是聰明小孩地球人的外星人，直挺挺的朝著像是外星人的奇葩地球人博士走近。

吱嘎

這個宇宙誕生到現在已經138億年了。

哦！是個對宇宙感興趣的小鬼啊！

你叫我小鬼？

真抱歉啊，如果和138億年的宇宙年紀相比，人類之間這樣計較年齡的確是有點失禮。

沒大沒小？

你這樣對長輩沒大沒小的說話口氣也很失禮好嗎？

對了，敬老尊賢。要像個小孩地球人一樣。

叔叔你……您怎麼會對宇宙如此的了解呢？

因為宇宙是
我們的故鄉。

您還能前往別的
星系嗎？您是怎麼
測量星系的
距離的呢？

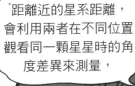距離近的星系距離，
會利用兩者在不同位置
觀看同一顆星星時的角
度差異來測量，

而距離遠的星系，
會將特別的恆星做為
基準，並代入距離模
數公式來測量。

外星人！

很好，
盧伊開始起
疑心了。

抖

抖

抖

叔叔，
阿薩該不會……
是外星人吧？

嚇！

＊週年視差法和標準燭光法。這是在浩瀚宇宙中用來測量天體距離的方法。

不是的，
阿薩是完美的
地球人。

那他怎麼會像個從
宇宙來的小孩一樣，
問那種問題？

慌張

阿薩呀，阿薩他……
啊！他在學校裡加入了
宇宙探索班，所以現在
才這樣裝懂的啦！

原來如此。
小孩子都是
這樣，以為自己
無所不知。

呼……

生活在其他星系
的外星人，也有
辦法來地球嗎？

如果說他們能夠
通過蟲洞的話，
當然是有可能的。

啪

燙燙麵

便利商店裡面充滿了外星人的味道，不對，是泡麵的味道。

鄭博士一邊想著宇宙的繁星，一邊幸福的大口吃著泡麵，而阿薩則一邊假裝挑選著零食，一邊短暫的陷入了沉思。

「那個人確實和一般地球人不一樣。總覺得有點像是闊邊帽星系的學者……」

探查隊的作戰很成功。本來就強烈相信有外星人的盧伊，現在非常確定鄭博士就是外星人。

「他果真是外星人！我的直覺是對的！」

「沒錯！盧伊是對的！」

因為作戰成功而感到高興的羅胡德，也大力認同盧伊。

「就那個喜歡吃泡麵的鄭博士呀，他好像是外星
人。」

　　如同探查隊所預料的，盧伊開始散布謠言。

　　相信的人、不相信的人、嘲笑的人……地球人的反
應每一個都不盡相同。不過沒有任何人注意到埃吾蕾
人，或是懷疑他們。

　　光是這一點，就讓埃吾蕾人變得安心了許多。

2

桑妮記憶力大考驗

地球人很努力想要記住所有事情

考試是阿薩在學校裡唯一期待的時間，因為這段時間不會受到其他地球人的干擾。

　　阿薩一拿到英文單字考卷，就一口氣寫完了 20 題的答案。忽然抬頭看了看，發現其他小孩地球人都為了想出答案而絞盡腦汁。

　　正當阿薩心裡湧出他身為一個科學家的好奇心的瞬間，寧靜平和的考試時間結束了。老師開始公布每一題的答案，孩子則各自批改自己的考卷。阿薩今天也是全都答對了。

　　對阿薩來說，地球人小孩每天都要做的紙上考試，是能夠用來覺察地球孩童記憶力的實驗。

「你長得好看，記憶力又好，你有什麼不擅長的啊？啊對，躲避球就不行。躲避球有什麼重要的？重要的是頭腦和記憶力，也就是大腦啊！」

回家的路上，桑妮熱烈的稱讚阿薩的記憶力。咕嚕咕嚕冒著地球細菌的分泌物，也同時從桑妮的嘴裡噴了出來。

「小心地球細菌！」

但桑妮就算做夢也不會知道阿薩的擔憂。她只一心急著想知道擁有超群記憶力的祕訣。

「唉，我比我們家奶奶還要常忘東忘西。要怎麼做才能像你一樣記憶力變好呢？祕訣是什麼？教我一個祕訣就好，可以嗎？」

桑妮擺出如果不教她讓記憶力變好的祕訣的話，就要追到阿薩家裡的氣勢。

阿薩無可奈何，只好決定教教這個記憶力極差的小孩地球人。

　　「如果了解大腦記憶的原理的話就不難了。地球人的大腦中有多達一千億個腦細胞，透過神經鍵連結在一起。記憶會經過神經鍵後，儲存在整個大腦。桑妮，妳知道海馬迴是什麼嗎？」

　　「是生活在海裡的動物……應該不是那個吧？」

　　阿薩無視了桑妮那個沒自信的回答，繼續接著說：

等一下！阿薩你是外星人嗎？

　　「海馬迴負責記憶的輸入和輸出。海馬迴的運作必須要活躍，才能使記憶好好儲存，並且想起來……」

　　本來是要解決記憶力的問題，結果現在發現自己連理解力都出了問題的桑妮大喊。

又來了！

埃吾蕾人只要一下子沒有留心，結果就會聽到外星人的指控。

阿薩裝作沒有被嚇到的樣子，鎮定的回答。

「我是地球人。」

「那你為什麼老是說像外星人的話？」

「因為我是地球人，所以我針對了地球人的大腦來回答。如果我是外星人，我應該就會針對外星人的大腦回答。」

桑妮歪了歪頭馬上又點了點頭。

「是那樣嗎？你果然就是天才啊！」

要說服記憶力差的地球人不難。只是會很煩。

桑妮本來想把考 30 分的事當作祕密，尤其不能讓媽媽和姊姊知道。但身為集結整個社區所有小道消息的威妮美髮院院長的女兒，這對她來說是不可能的心願。

威妮院長一看到桑妮，就嘆了一口氣。

「話說回來，妳的背誦能力這麼差，該怎麼辦呢？以後需要背誦的科目會越變越多。」

「我到昨天為止都還有背起來啊！」

桑妮的滿腹委屈湧上心頭。

她不能理解，不過就是英文單字背不起來，需要這樣挨全家人的罵嗎？

金老闆為了桑妮，公開了他自己背東西的訣竅。

「爸爸要記住一個東西的時候，會一直重複唸。有時候一聽到出售屋的地址，就必須要馬上記起來，這時候爸爸就會一直重複小聲唸好幾次。胡斗 3 路 185-1502 號，胡斗 3 路 185-1502 號⋯⋯」

「我也有把英文單字寫了超過 10 遍以上啊！」

桑妮也是用不斷重複的方式來背英文單字，但只要睡一覺醒來就全忘光了，只想得起來一、兩個。

「真正的重複，是要在忘記之前再一次重複，如果還是記不太起來，就再重複一次。其實就是把短期記憶變成長期記憶，不斷反覆練習，直到嵌入腦袋為止。」

說著說著，金老闆對自己的記憶力越來越自豪。

「桑妮呀，妳知道爸爸就算喝醉酒了，腦子一片空白，也還是可以找到回家的路吧？這也是因為一直重複的緣故，哈哈哈。」

那種事情有什麼好自豪的！聽完金老闆的話後翻了一個白眼的威妮院長，也說出了自己的記憶力祕訣。

「如果想把一件事情好好記住，必須運用所有感官才行。像是聲音、氣味、觸覺這些感官都一起幫忙的話，更能簡單的記住，也記得更久。媽媽都是透過指尖來記住客人的頭髮。」

* 鮭魚卵口味：原文中桑妮因為記不住「壬辰」，聯想成韓
文中同音的「臨津閣」（韓國觀光景點），考慮到中文讀
者無法理解這部分的聯想，故做此修改。

* 忠武飯捲：韓國的一種飯捲，
為方便食用做成一口大小。

「哼，就我的記憶力最糟。」

就連宥妮教的方法也失敗了的桑妮，整個人變得洩氣又沮喪。

但如果自信心消沉的話，記憶力也只會因此變得更差而已。

威妮院長為了桑妮，提出了一個讓記憶力進步的遊戲。這個遊戲的玩法是把 52 張撲克牌的數字都朝下擺放，然後找出四張數字相同但花樣不同的牌卡。

「桑妮，翻開牌卡的時候要專心看，然後記清楚撲克牌的花樣和位置。」

對記憶力很有自信的威妮院長告訴了桑妮玩遊戲的技巧。

「我不想當最後一名……」

緊張不安的桑妮全神貫注的投入遊戲。

金老闆故意漫不經心的犯錯，威妮院長也一直偷偷放水給桑妮。第一次玩撲克牌遊戲的撿撿老奶奶因為一直搞混，所以玩得不好。宥妮雖然想盡辦法要贏，但因為牌卡的數量有 52 張，要記住它們的花樣和數字並不簡單。

第二局遊戲也是由桑妮奪得勝利寶座。要從 52 張撲克牌卡當中找出花色不一樣，但數字一樣的四張牌卡並不容易。不過究竟是多虧她的自信心，還是多虧爸爸媽媽的放水才贏呢？還是說桑妮真的在記數字和花色的能力特別優秀？總之，桑妮記住了爸媽還有姊姊宥妮翻過的牌卡，並在遊戲中獲勝了。

　　「什麼嘛，我才是記憶力最好的？」

　　「是啊，桑妮。妳的記憶力是夠好的，所以下次考試的時候再稍微用功一點點就好，好嗎？」

　　桑妮帶著自信滿滿的表情點點頭。

　　「嗯！期待下一次考試吧！」

地球人的記憶力非常不可靠

🌏 地球2019年6月4日　　👽 埃吾蕾7385年19月45日／撰寫人：阿薩

地球事件概要

* 地球人時常透過考試來評定他們的記憶力。因為他們記憶力本來就不好，所以這樣做似乎是為了要用各種方式來告誡自己記憶力差，並訓練記憶力。
* 地球人會一直說自己的記憶力比別人好，還會互相競爭。但對於記憶力無限的埃吾蕾人來說，看起來全都半斤八兩。跟小俊在記憶力對決時出現的題目也非常不像樣。
* 向桑妮解說科學內容的時候要很小心。我針對她非常好奇的問題給出了明確的回答，結果卻被她問是不是外星人。
看來那是一個不適於地球生活的行動。
像這種時候，太聰明也是一個問題！

地球人一次能夠記住的樣數大約是7±2個左右

* 地球人一次所能夠記住的樣數約是 5 ～ 9 個。他們可以在聽了 7 ～ 8 個數字的電話號碼後撥打電話，然而這就是極限了。因為這就是地球人的短期記憶所能夠儲存的容量。不過就連這樣也無法一次記起來的地球人不計其數。

* 資訊作為短期記憶在地球人的大腦中停留的時間約是 20 ～ 30 秒。地球人為了把資訊送到持久且較無限制的記憶儲存裝置中，刻意做了許多努力。因為如果不這麼做的話，地球人的記憶往往是有時限的。

* 透過實驗觀察了地球人有多麼容易忘記事情。實際上地球人桑妮對於前一天背過的英文單字，只想得起來 20%，地球人小俊在剛聽到的 10 個數字中，連 5 個都記不起來。地球人金老闆，即便已經告訴他 10 次偶像團體 7 個成員的名字，他卻連 2 個人都記不住。他們能夠依靠這樣子的記憶力生活，真是神奇。

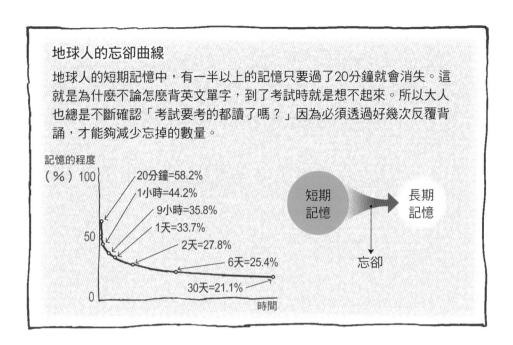

地球人的忘卻曲線

地球人的短期記憶中，有一半以上的記憶只要過了20分鐘就會消失。這就是為什麼不論怎麼背英文單字，到了考試時就是想不起來。所以大人也總是不斷確認「考試要考的都讀了嗎？」因為必須透過好幾次反覆背誦，才能夠減少忘掉的數量。

記憶的程度
（%）100

20分鐘=58.2%
1小時=44.2%
9小時=35.8%
1天=33.7%
2天=27.8%
6天=25.4%
30天=21.1%

50

0
時間

短期記憶 → 長期記憶
忘卻

地球人認為年紀會對記憶力造成影響

- 地球人的大腦大約在 40 歲前後，記憶力會開始衰退。因為連結神經細胞（神經元）的突觸很難再重新生成。再加上壓力賀爾蒙腎上腺素和皮質醇過度增加，會促進神經細胞的損傷。

- 地球人的記憶力中樞是大腦中的**海馬迴**。海馬迴的腦神經細胞從誕生開始就一點一點的被破壞，20 歲以後破壞的速度會變得更加迅速。每小時大約有 3600 個細胞消逝。

- 但是並不是年紀增長記憶力就絕對會下降。本來記性就不好，或是比較不擅長記數字，或是因為年紀大了等等，這些不過就是地球人找的藉口。地球人的記憶力是可以透過訓練達到強化的，實際上 2007 年世界記憶力大賽的冠軍得主，是一名 49 歲叫做岡瑟・卡斯滕的男人。（在地球上，這已經是過了半個輩子的年紀。）

©Evgeni/And shutterstock

事實證明，練雜耍對於腦部的發展是有幫助的！

歐洛拉完美適應了威妮美髮院的工作。他用敏捷的手法，把威妮美髮院的所有東西整理得井然有序，地板上連一根頭髮也沒有殘留。多虧了歐洛拉那過度的整理癖和俐落感，威妮美髮院的午後時光總是很平和。至少在客人們開心的聊天，突然吵起來之前是這樣的。

　　「妳昨天有看《精打細算的你》嗎？」

　　聽見孫太太的提問，威妮院長隨聲附和。

　　「那當然。那部電視劇可是我最近生活的樂趣。」

　　威妮院長是絕對不會錯過客人喜歡的電視劇。因為這是抓住客人的心的其中一個祕訣。

　即便看起來很平和，但在地球人的日常生活中，像
這樣的小型戰鬥不曾間斷。

　「地球人怎麼會連人名都記不起來啊？」

　現在正是小隊真正任務的開始。因為地球人的對話
內容，會成為撰寫報告書的重要資料。

噹啷的鈴聲響起，在一股濃郁的辣炒年糕氣味襲來的同時，宥妮走了進來。

　　「媽媽，我買了辣炒年糕來。」

　　「噢！太好了。正好有點餓了，大家一起吃吧！」

　　威妮院長打開了辣炒年糕。鮮紅的湯汁裡有著白色的年糕，黃色的魚板，以及各種蔬菜的地球食物。雖然歐洛拉現在對地球食物的氣味變得比較習慣了，但他仍然不吃地球食物。比起消化過程繁雜的地球食物，埃吾蕾星球能量膠囊還更乾脆一點。

幸好陷入了連續劇話題的威妮院長，沒有繼續慫恿歐洛拉。

地球人愛管閒事的性格，在吃點心的時候最為嚴重。你怎麼不吃，你討厭這個食物嗎，你就是都不吃東西才都不長肉等等……

「話說回來，昇宇不是聽說要結婚了嗎？」

「都說了不是昇宇，是昇憲。不是真的要結婚，應該是電視劇裡的劇情吧？」

客人一邊吃著辣炒年糕，一邊繼續他們的話題。一邊照樣爭吵著演員的名字。

「哎呀，又在吵演員名字的話題啊？上網一查就能簡單查到啦！」

店門的鈴聲又再次響了，這次是客人進來了。

「歡迎光臨。」

歐洛拉迅速站起來迎接客人。

現在這種小事對他來說根本不算什麼，因為歐洛拉是完美的美髮院職員！

「請坐這裡。」

歐洛拉指著鏡子前的椅子說。

客人站在沙發前畏畏縮縮的，好像哪裡不舒服。

「是因為辣炒年糕的味道嗎？地球人在很飽的時候，有時會因為食物的氣味感到不舒服。」

「我下次再來好了。」

果不其然，客人轉身離去。還悄悄順手拿了原本放在沙發上的孫太太的包包，還裝作好像是自己的包包一樣自然。

「那個客人連自己的包包都不認得。地球人的記憶力真是……」

歐洛拉心想。

聽見客人離開的聲音，轉頭望向店門的威妮
院長，「啊」的大喊了一聲。
　　「下次一定要再光臨……哦？
　　那個包包……呃啊！
　　小偷啊！」

小偷這個詞的話，指的是偷竊或是搶奪他人物品，做這些不正當行為的人！

　　歐洛拉的腦中浮現了小偷的意思。

　　「原來那個客人不是因為記憶力不好而拿錯了包包呀！」

　　歐洛拉短暫呆住站在那裡的瞬間，那個男客人，不對，是小偷，早就衝出了美髮院。

最先追上去的是宥妮和盧伊。

頭髮上了髮捲的孫太太，和吃著辣炒年糕的威妮院長也氣喘吁吁的跑了出去。

還圍著圍裙的歐洛拉也急忙衝了出去。

「抓住那個傢伙！」

「有小偷啊！」

「把我的包包還來！」

呃呀！

這個方向！

啊！

嚇！

在這裡！你這個小偷！

什麼？你說我是小偷？

不是他！小偷是一個年輕人！

抓住那個戴眼鏡的男人！

不是啦！小偷沒有戴眼鏡，而是戴了帽子！

我才不是小偷！

掃視

歐洛拉曾是遙遠的埃吾蕾行星上優秀的軍人。對於跑步和戰鬥可是相當有自信。歐洛拉朝著小偷奔跑。

　　身體像風一樣飛起來的歐洛拉面前，出現了一個龐然大物擋住了他，那個龐然大物不是別人，正是孫太太！她並不是故意要阻截歐洛拉的，她只是為了要奪回她的包包，所以跑向了她自己以為的小偷。

　　然而，就因為孫太太突然間冒出來，歐洛拉的腳扭了一下，孫太太也搖搖晃晃站不穩，纏在一起的兩個人就這樣跌摔在眼前的一位男人身上。

「哎呀，對不起呀。」

孫太太一邊爬起來一邊道歉。

「沒關係。」

鄭博士遺憾的望著掉到地上的糖燒餅一邊回答。

「哦，是外星人博士。」

過一下子才跑上來的盧伊大喊。

「什麼？外星人？」

歐洛拉豎起了耳朵。

「那個人是外星人？」

「怎麼可能，哪裡有外星人？」

人們竊竊私語。似乎有一半的人相信，一半的人不

相信。

「我只不過是在做糖燒餅味道比較的研究而已啊
……」

鄭博士看著莫名其妙展開「外星人爭論」的人們，
一邊小聲的說。感到難為情的人們於是趕緊各自走回各
自的路。

歐洛拉仍然維持著摔倒在地的姿勢，望著原本一窩
蜂聚集的人群一口氣全部散去。威妮院長大驚小怪的扶
起歐洛拉。

「哎唷，沒事吧？沒受傷吧？話說回來，小偷完全
抓不到了啊！」

歐洛拉立刻站起身來，兩眼直直的看著威妮院長。

「你說抓不到？我絕不可能抓不到。」

歐洛拉完美的記住了小偷的所有細節。

「小偷是短頭髮。身高 175 公分，體重 70 公斤。
沒戴眼鏡也沒戴帽子，身穿畫有藍色小船的白色 T 恤和
牛仔褲。大約 25 歲的男人，噴了混有刺鼻薄荷味的香
水。」

歐洛拉舉起手指向了市場的一處。

「小偷就在那裡。」

啪叭叭！

歐洛拉像一陣風似的地衝了出去。

別相信地球人的記憶

地球事件概要

* 今天認識了一個新的地球人。他的名字叫做小偷。本來以為他記性差到連自己和別人的東西都分不清楚，結果他就是一個偷別人東西的人。
* 逃跑的小偷整個樣子都完美的暴露了，地球卻連他的模樣都記不得。小偷的臉和衣服都沒有遮蔽，難道他們沒看到嗎？甚至還把小偷的特徵描述得完全不一樣，搞得其他人也變得混淆錯亂。
* 多虧了在埃吾蕾受過的軍事訓練，我完美且成功的制壓了小偷。明明小偷就在他們眼前，他們也抓不到，我不過是因為看不下去地球人只是一直無意義的跑來跑去，所以出手幫他們抓了小偷而已，地球人好像因此非常開心。

地球人有「知道的記憶」和「不知道的記憶」

- 地球人會將記憶區分成不同的種類來組織他們的記憶。
- 地球人能夠敘述的記憶叫做**陳述性記憶**。是能夠意識到自己知道，並且可以「宣告出自己知道」的記憶。像是記住電話號碼或是說出記得的某個事件。這時候地球人運用的是大腦裡的**額葉**和**海馬迴**。
- 在地球人記憶中擔任最重要角色的腦是「海馬迴」。海馬迴也分成左右兩邊，且左右兩邊掌管的事情不同。左側海馬主要負責語言資訊的記憶，而右側海馬主要負責視覺設計與場所的記憶。
- 地球上人們在不知不覺中記住的東西被稱為**內隱記憶**。是一種直覺和無意識的記憶。像是游泳或是騎腳踏車，這些透過身體記住的事物。這個時候啟用的是地球人們腦中的**小腦**和**基底核**。

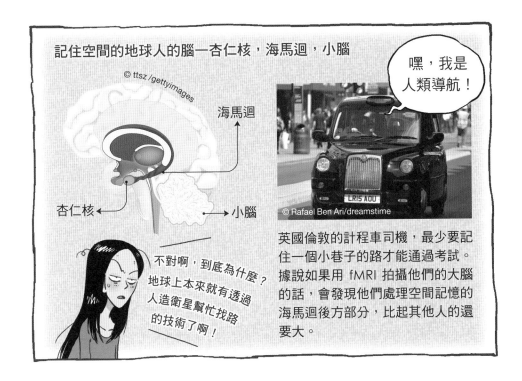

記住空間的地球人的腦—杏仁核，海馬迴，小腦

© ttsz /gettyimages

海馬迴

杏仁核

小腦

嘿，我是人類導航！

© Rafael Ben Ari/dreamstime

不對啊，到底為什麼？地球上本來就有透過人造衛星幫忙找路的技術了啊！

英國倫敦的計程車司機，最少要記住一個小巷子的路才能通過考試。據說如果用 fMRI 拍攝他們的大腦的話，會發現他們處理空間記憶的海馬迴後方部分，比起其他人的還要大。

地球人會自己任意編寫剪輯記憶

- 地球人似乎不會去思考自己的記憶和客觀事實可能會有所不同。即便是不確定的記憶也不會去懷疑。所以萬一碰上了在相同的情境，彼此卻擁有不同的記憶的情況，就會感到十分混亂。

- 地球人劃分的記憶種類還有很多。明明記憶力就不好，還要不斷製造出要記的東西，活得還真累。其他記憶的種類還有關於感受記憶的情節記憶，以及關於知識記憶的語意記憶。特別像是情節記憶，因為會受到身體的感覺、情感和情境等的影響，所以總是很主觀。所以在情節記憶上，地球人的記憶更常被以個人主觀的看法編寫剪輯。

- 地球人不斷的在編輯過去。過去的記憶有可能會隨著現在而改變。這些記憶並不是錯誤的記憶，都是正確的記憶，所以埃吾蕾人不用因為地球人變換的記憶而感到慌張！

是啊。那時候發生了那些事啊……

地球人的記憶力訓練法

地球人為了提升記憶力，會用各式各樣的方法來訓練。下面的圖片是地球人提升記憶力的訓練法。讀出圖片裡的詞，但要依照顏色讀出來，而不是文字。舉例來說，「字體顏色是黃色的藍色」這個詞就要讀作「黃色」。你總共可以正確的讀出幾個呢？

紅色，黃色，黑色，綠色，紅色，黑色……妳要錯到什麼時候啊？

紅色　藍色　綠色　黃色　黑色　紅色　藍色
黑色　黃色　黑色　紅色　綠色　黃色　黑色
紅色　藍色　綠色　黃色　黑色　紅色　藍色
黑色　黃色　黑色　紅色　綠色　黃色　黑色
紅色　藍色　綠色　黃色　黑色　紅色　藍色
黑色　黃色　黑色　紅色　綠色　黃色　黑色
紅色　藍色　綠色　黃色　黑色　紅色　藍色
黑色　黃色　黑色　紅色　綠色　黃色　黑色

紅色，藍色，綠色，黃色，黑色……咦？這樣不對嗎？

需要集中注意力的斯特魯普效應

- 地球人之所以做這樣的訓練，就是為了要提升專注力。因為必須有高度專注力，工作記憶的能力也才會提升，所以地球人在這項活動中，必須刻意抑制讀出文字的衝動，而是要說出顏色。

- 閱讀文字是一個自動化的過程，相反的，說出顏色是一個有意識的過程。也因為這樣，在文字和顏色的資訊不一致的情況下，地球人就會感到很困惑。

- 地球人在這個過程中，大腦中最高等區域的前額葉皮質會被活化。不過這到底有什麼難的？（哦……的確是有點會搞混。）

洗手間

在資訊不一致的情況下感到徬徨的地球人

咦，我該進去哪一間才對呢？

76

4

氣味會
承載記憶

地球人聞到味道就會
陷入記憶？

那天晚上，歐洛拉的英勇事蹟成為了整個社區人們議論紛紛的話題。

順路去一趟便利商店買礦泉水的孫女士又一次想起了小偷，於是把包包緊緊的抱在懷裡。

「剛剛真是為了追小偷命都要沒了，好像跑了 2 個小時一樣。但其實才過了幾分鐘時間。」

「我也覺得好像展開了好幾個小時的追擊戰。」

盧伊也搖了搖頭。

下班後威妮院長抓住宥妮，提起了歐洛拉的事情。

「妳不覺得歐洛拉真的很厲害嗎？記性怎麼那麼完美？我第一次看到記性比我好的人呢！」

「就是說啊，我還以為小偷穿的是藍色的Ｔ恤。」宥妮隨聲附和。

「我一直以為小偷是上了年紀的大叔，頭髮的樣子有點像。」

剛好這時金老闆回到了家，手上還拎著塑膠袋晃呀晃的。

「哇啊！是辣炒年糕！」

桑妮從房間裡跑出來，高興的迎接辣炒年糕和爸爸。

整個傍晚一直在聽媽媽和姊姊講吃辣炒年糕時出現小偷的追擊戰故事，正好肚子也餓了。

「果然懂我在想什麼的人，就只有爸爸！」

宥妮一聞到從塑膠袋裡輕輕飄散出來的辣炒年糕氣味，馬上又再次陷入了剛剛的追擊戰畫面中。

宥妮呀，桑妮呀！爸爸買辣炒年糕回來囉！

「因為聞到了辣炒年糕的味道，那個小偷的樣子又清清楚楚浮現在眼前。」

「妳也是嗎？我也是。短短的頭髮還穿了白色Ｔ恤。對，是個年輕男人沒錯。」

威妮院長頻頻點頭。

「什麼？妳說小偷？我們家遭小偷了嗎？」

金老闆驚訝的問。

「不是啦，不是我們家，是美髮院……」

威妮院長告訴金老闆白天發生的小偷事件。

「就是呢，今天白天美髮院進來了一個小偷，但他動作非常迅速，我們都沒看清楚。但是歐洛拉啊……」

真的好神奇。一打開辣炒年糕的瞬間，就連那個小偷的香水味都回想了起來。

就是說啊，看來辣炒年糕的味道會幫我們的記性變好呢！

金老闆微微的閉上了雙眼。

「我每次只要聞到地瓜的味道，就會想起我的奶奶。以前在外面盡情玩耍之後，再跑進奶奶的房間，奶奶總會給我烤地瓜。香噴噴的氣味，甜甜的滋味，還有和奶奶的珍貴回憶都一起浮了出來了。」

「這麼說的話，小偷事件也會變成回憶嗎？以後回想起來，我的胸口都也還會這樣蹦蹦狂跳嗎？」

威妮院長一邊大口呼氣，一邊翻了個白眼。

「妳老是抓不到話的重點啊，我說的不是小偷事件是回憶，我說的是氣味會使回憶浮現！」

又開始了。

相處到現在都已經超過 20 年了的媽媽和爸爸，仍然會吵吵鬧鬧的鬥嘴日常。

宥妮偷偷的起身走進了房間內。

「沒錯，氣味會承載回憶。」

世界上有花香、香水、烤五花肉的香味等美好的味道，但對宥妮而言，最芬芳的氣味另有其物。

讓宥妮湧起回憶的香氣，正是甜蜜初戀的回憶……

宥妮動作輕柔的把燦哥哥的Ｔ恤擁入懷中。

嗯，差點就吐出來了。難道是珍藏得太久了？一股和初戀兩個字一點也勾不上邊的味道，從Ｔ恤上散發出來。事實上，燦哥哥的味道，越來越像是餿掉的腳臭味。

即便是這樣也要忍住。因為這既不是腳臭味，也不是汗臭味，而是愛情的氣味，回憶的氣味。

「嘔，這什麼味道啊？哪裡來的味道啊？」

剛好威妮院長打開了宥妮的房門，驚恐的看著那件散發著腐臭味的Ｔ恤。

「這是什麼鬼東西啊？馬上拿去丟掉。」

「不可以。這是多麼珍貴的寶貝。」

宥妮無法丟掉滿是回憶的Ｔ恤，然而威妮院長也不可能把那麼髒的東西放置在家中。

「妳還不快點丟掉？妳也要和這玩意兒一起被趕出家門嗎？」

「要我把這個丟掉，那我寧願離開這個家！」

宥妮嗚哇的大喊一聲，然後衝出了家門。

初戀的記憶怎麼能丟掉？

雖然味道有點可怕，但這可是燦哥哥的味道。

？

看來今天是觀察宥妮的好日子。

涙眼

汪汪

宥妮，妳哭的理由是？

這是一個又長又複雜的故事。

我很擅長聽又長又複雜的故事。

燦哥哥……T恤味道……我媽媽……叫我把它丟掉……

妳不洗那件有臭味的T恤的理由是？

如果洗了這件衣服，燦哥哥的味道就會消失。

「如果妳在意的是味道，把氣味另外蒐集起來，並保存下來就行了。」

芭芭說得好像這是世界上最簡單的事。

「您說可以把燦哥哥的氣味保存起來？」宥妮眼睛睜得圓圓的問。

「氣味是粒子。從Ｔ恤上提取出氣味粒子，然後再蒐集起來，就是一件簡單的事。」

我要和宥妮一起進門了！

如果是對地球人而言很重要的氣味，探查隊也會感興趣。因為這是個能探究地球人感覺和喜好的好機會。

　　芭芭做了一個強力的氣味吸入機，然後把乳酸、霉菌、細菌和食物殘渣等的氣味粒子抽取出來。從老舊的Ｔ恤上，把回憶的氣味一點不殘留的抽光光！

　　「好了，在這裡。妳想要的氣味都蒐集起來了。」

　　芭芭遞給宥妮一個小小的玻璃瓶。正當宥妮想打開瓶蓋時，想起了越來越像腳臭味的回憶香氣，於是又再次轉緊瓶蓋。

　　「這是珍貴的回憶，所以永遠珍藏起來就好。」

宥妮把玻璃瓶緊緊抱在懷裡。

「我要幫這個小瓶子取名叫回憶的玻璃瓶。芭芭老爺爺，真的謝謝您！」

宥妮連腳步都變得輕快了起來，連跑帶跳的離開了。

「芭芭。」

羅胡德微微的探出頭來。

「宥妮為什麼會喜歡霉菌和細菌混雜的氣味啊？」

「我不知道。對於地球人想珍藏的氣味，很難給出定義。」

報告書 9

對地球人來說，氣味是重要的資訊

🌍 地球2019年6月9日　　埃吾蕾7385年19月70日／撰寫人：芭芭

地球事件概要

* 抓住美髮院的小偷的故事並不會輕易的消失在地球人的對話中。地球人打算藉由不斷述說事件來提高記憶力。然而在每次的對話中，記憶好像都有些許的變換。

* 地球人很愛吃點心。特別是桑妮和宥妮，還有威妮院長都非常喜歡辣炒年糕。白天也吃，晚上也吃。鮮紅的醬料中有碳水化合物和鈉的團塊，不知道地球人為什麼會執著於那樣的食物。

對地球人來說的好味道都不太一樣

- 地球人對於一樣的氣味也會有不同的反應。宥妮覺得把髒兮兮的 T 恤放在房間內一起生活也沒關係，但只是非常短暫聞到了味道的威妮院長，卻到現在都還在喊頭痛。

- 地球人非常仰賴視覺上的判斷。然而針對地球人的嗅覺研究後發現，地球人的嗅覺相關基因比視覺相關基因多出了三倍。還可以利用這樣敏銳的嗅覺，來判斷一個人是否有吸引力。

- 在一個評價異性吸引力的實驗中有提到，研究指出地球人會被與自己免疫反應不同的人的氣味吸引。地球人如果持續繁衍後代，約每20～30年世代就會變換，而在這個時候，對於地球人找到與自己基因不同的異性結婚，對生下健康的孩子是有幫助的。因為如果基因過於接近，則會有可能生出畸形兒。

嗯～我的樸哥哥的氣味。

哈布斯堡王朝的舌頭，
西班牙的卡洛斯二世

在38歲離世的西班牙哈布斯堡王朝的最後一位
統治者。為了堅守純正的王室血統，而跟隨了歐
洲王室近親通婚的風俗，他的父母同時也是叔叔
與姪女的關係。這個稱做「哈布斯堡王朝的舌
頭」的遺傳病，便在家族中廣泛流傳，而卡洛斯
二世因為舌頭過大，下顎也過於突出，據說時常
會流口水，就連進食也有困難。加上地球人又如
此地重視外表，他當時應該非常痛苦。

©Juan Carreño de Miranda/Wikimedia Commons

地球人的大腦在嗅覺上非常快速且敏感

- 地球人在嗅覺上很敏感，是因為地球人大腦構造的緣故。地球人的其
  他感覺都會經過叫做「視丘」的區域，並傳送到大腦每一處。但嗅覺
  的資訊並沒有中間的階段，而是會直接傳送到大腦。尤其直接連接了
  負責情感和記憶的邊緣系統。也是因為這樣，宥妮才會把那個有味道
  的 T 恤擁在懷裡。細菌的氣味對宥妮來說就是那天的回憶。

- 然而地球人的敏銳的嗅覺，其實是
  和「厭惡」反應一樣，是為了要快
  速感知到不好的氣味信號，像是毒
  草，或是腐壞的食物，還有天敵的
  氣味。因為和生存有直接的關係，
  越敏捷迅速則越有利。就像威妮院
  長因為有味道的 T 恤感受到生存的
  威脅那樣。

- 好的香氣對地球人記憶力的提升也
  有幫助。有實驗結果顯示，在陷
  入熟睡的時候，如果聞到薔薇花
  香的話，記憶力會變好。

普魯斯特現象

第一次提出氣味和記憶之間的相互關
係的人是小說家普魯斯特。據說他描
寫出將瑪德蓮餅乾浸到紅茶裡享用到
一半，突然過去的回憶都具體浮現出
來的場景。看來我們也要研究看看這
些叫做小說家的地球人才行，他們似
乎是一群非常聰明的人。

©AnjelikaGr/shutterstock

記憶力與感覺的實驗

- 地球人想要記住嗅覺、觸覺、味覺、聽覺還有視覺等,所有透過各種
  各樣感覺器官進來的資訊。然而就像先前說過的,地球人的記憶力一
  塌糊塗,像這樣透過感覺接收進來的資訊又很容易被編輯。

- 所以地球人不相信自己的記憶,而是會想出各種保存記憶的方法。傳
  達到埃吾蕾星球上的照片和聲音,那些影像技術就是證據。地球人還
  將它發展成能夠保存感覺的技術。甚至在這些影像中添加大腦喜歡的
  故事,並製作出像是電視機裡的戲劇那樣的假想世界。

- 然而保存嗅覺的技術仍然處於未開發的水準。在地球上雖然也有製作
  出人工香氣的技術,但是無法做到所有想要的香氣都能夠保存。如果
  考量到嗅覺能夠喚起地球人的記憶這一點,現在這個技術還不夠完
  善,似乎是因為技術發展的問題。

- 地球人的嗅覺有一個優點,那就是能夠透過氣味再次觸動記憶事件中
  的情感。不過當然是要聞到一樣的氣味才行,這也就是為什麼宥妮不
  是珍藏燦哥哥的照片,而是保存了沾滿汗水的 T 恤。為了保存記憶,
  還要忍受待在不衛生的環境中。明明那件 T 恤的味道絕對已經跟一開
  始撿到時的味道是不一樣的了,宥妮也不在意。看來宥妮嗅覺上的記
  憶似乎也被編輯了。

動員所有感官的地球電影院
不輸在家看電視機裡的戲
劇,電影院也很受歡迎。
尤其是叫做 4 D 電影院的地
方,不僅僅是視覺和聽覺,
還會刺激你的觸覺和嗅覺。
難道地球人是覺得,如果只
是一般正常地看電影,會記
不住電影的內容嗎?

5

記憶和筆記本
的關係

地球人為什麼總是
在寫些什麼？

與眾多地球人手忙腳亂的早晨不同，埃吾蕾探查隊的早晨相當從容不迫。

　　阿薩用完美記憶力，一個不漏的準備好上學物品。

　　歐洛拉則多虧卓越的規畫能力，不曾有過使他著急的事情。

　　芭芭總是待在二樓本部，等待著從來沒有收到過的埃吾蕾行星訊號。

　　羅胡德更是沒什麼特別要做的事，早上總是悠閒自在，晚上也不忙碌。

　　「快樂出門平安回家，小心別暴露真面目啊！」

　　羅胡德今天也是屁股和沙發黏得牢牢的，用地球人式風格向阿薩揮了揮手。走出了玄關門的阿薩突然回頭看了羅胡德。

你身體的體積增加了4.7%。

真的嗎?

嗶嗶嗶嗶

「我故意的啊,為了讓自己看起來像地球人。」

羅胡德一邊把身體縮得瘦瘦長長的,一邊辯解。

但這招對每件事都精細準確的埃吾蕾人可不管用。阿薩冷靜的指出了問題。

「你這樣說不正確。羅胡德身體的體積比 40 多歲地球中年男人的平均值還多出了 9.16%,是非常容易引起別人注意的體型。」

正好從二樓下來的芭芭也補了一句。

「變身套裝如果不小心裂開的話,可是沒辦法再做出一件的喔!」

那瞬間,埃吾蕾探查隊隊員互相對上了視線。擁有完美記憶力的埃吾蕾人有件暫時遺忘的事,那就是……

哈拉哈拉

到現在連一次都還沒有收到過埃吾蕾的訊號，也無法知道我們傳送的訊息有沒有順利送達。

如果是那樣的話，我們應該要趕快找回哈拉哈拉啊！馬上就出動！

你叫誰去？

我要去美髮院上班。

我要上學。

我要等埃吾蕾的通訊。

羅胡德呢……

我不要，好可怕。

萬一到處亂跑，不小心和地球人接觸到的話，被發現真面目的危險會增高。

黏住沙發

99

外星文明　　　探索俱樂部

　　羅胡德的手啪的一聲，瞬間從沙發上滑落下來。

　　沒錯。在那遙遠的埃吾蕾行星上，羅胡德曾是冒險精神爆棚的外星文明探索俱樂部會長。

　　在那些不停落下的宇宙物質裡，他冒著可能會被感染外星病毒的危險，到處找尋著外星生命體的痕跡。這些努力的結果，就是讓他成為了第一個發現來自地球，航海家 1 號金唱片的人，並且來到了這顆陌生的行星。

可是當他實際進入到了外星文明中，竟然卻因為害怕被發現真面目而這樣瑟瑟發抖，還一直閃躲外星人！

「俱樂部的會員們如果知道了，該有多失望？」

羅胡德大口的深吸了一口氣。衣服雖然很緊很不舒服，但還沒有到要爆裂的程度。

羅胡德走上了街頭。根據芭芭的調查結果，哈拉哈拉並沒有在警察局。難道是在第一天抵達的那個實驗室嗎？既然他們說是被專家拿走了，那麼可能性非常高。但是不能夠不管三七二十一的跑到實驗室去。為了探查隊的安全，必須先充分蒐集好資訊後再行動，才是最佳的選擇！

「該去哪裡蒐集資訊呢？」

羅胡德呆呆的望著繁忙的地球人從他眼前經過。甚至沒有發覺，身後有人正悄悄朝著自己走近……

受到驚嚇的羅胡德身體一下子膨脹了起來，地球人套裝差點就裂開了。

「你在這裡做什麼？要不要來我們不動產辦公室喝杯咖啡啊？」

是金老闆。原來羅胡德不知不覺走到了黃金不動產附近。

「資訊全部都在這裡？」

在那一刻，羅胡德下定了決心。

在衝進危險的外星人實驗室之前，先在黃金不動產蒐集資訊。

「黑咖啡可以吧？」

金老闆微笑著把咖啡遞給了羅胡德。

地球食物和埃吾蕾很不一樣，又甜，又鹹，又酸，又辣，又刺激。對探索新事物的羅胡德來說，非常合他的胃口。黑咖啡又會是什麼新奇的滋味呢？羅胡德滿懷著期待，呼嚕嚕的喝了一口。

呃嘔，黑咖啡喝起來如同在沒有經過淨水過濾處理

的埃吾蕾行星水中，參雜石頭粉末煮開的味道。

「看來你喜歡喝甜甜的咖啡，抱歉，我再泡杯又甜又好喝的咖啡給你。雖然對健康就沒那麼好。」

金老闆面露微笑，遞給了羅胡德一杯甜甜的咖啡。

「嗯，就是這個滋味。」

羅胡德學金老闆一樣笑，並問了問題。

「金老闆，這裡真的有全部的資訊嗎？」

「當然啦。對你們來說，我們不動產就是最棒的。
怎麼了，你有需要的資訊嗎？」

「是。羅胡德想在這裡工作。」

「羅胡德，你嗎？」

金老闆苦惱了一會兒。雖然前陣子剛好有計畫想要
找個正直老實的職員，卻從來沒有考慮過羅胡德。

「這份工作比看起來還辛苦，沒關係嗎？要跟各式
各樣的人應對，所以個性要好，記性也要夠好才行。」

「如果是那樣，就更是一定要選我。」

個性
超好！

超強完美
記性！

那個
最佳人選
就是我！

嗯……

好吧，
那就來試
一下吧！

把今天遇到的客人諮詢
內容都記錄下來吧！
諮詢的內容要把它記住，
這樣才能找到最符合
的出售品。

咚

用紙做的
小冊子？這和
記性有什麼
相關？

?

?

「歡迎光臨！」

很快就迎來了第一位客人。

羅胡德面露呆滯的注視著客人和金老闆，一邊把諮詢內容牢牢儲存到腦海中。不要說內容了，就連表情、呼吸聲，甚至連客人間的悄悄話，羅胡德全都記住了。

在不動產的第一天飛快的過去了。羅胡德走在回家的路上時，想起了今天聽到的資訊。

「公寓，單人房，商住住宅，商店街……」

雖然在不動產那裡蒐集到了很多資訊，卻不是羅胡德需要的資訊。要不要現在就離職，再去別的地方找找呢？但是都已經收下了金老闆送的小冊子禮物，如果離職的話，會造成金老闆的損失。

「再幫忙個幾天吧！誰叫金老闆的記性也跟地球人一樣差。」

隔天早上，金老闆請求了羅胡德的幫忙。

「羅胡德，昨天的那個小冊子給我看一下。」

「好的，我把它保管得很好。」

羅胡德把保管得乾乾淨淨的小冊子遞給了金老闆。

給您。

根本什麼都沒有記錄下來嘛？這樣子是不可能成為不動產經紀人的。

空空如也

「您想知道什麼呢？我都記得，我可以告訴您。」

「我想知道的是手冊裡記錄下來的內容。記憶要怎麼相信？當然要相信筆記才對呀！唉，看來羅胡德不是我們不動產要找的人才。很抱歉，但還是請你回去吧！我們彼此就當感情好的鄰居就好了。」

羅胡德被趕了出來，站在不動產的門前。

戰勝地球人大腦的備忘錄記憶法

地球2019年6月17日　埃吾蕾7385年20月37日／撰寫人：羅胡德

地球事件概要

* 金老闆在不動產仲介所的時候更常笑。特別是面對客人的時候，總是面帶笑容，遇到想買貴房子的客人時，更是笑容滿面。我後來再想了一下，發現他好像不是因為喜歡我才對我笑的。

* 我本來想在擁有地球各種資訊的不動產仲介所找一份工作，但金老闆因為我把所有東西都記住了，而感到很不滿意。明明用頭腦就記得住的東西，他一直堅持要我寫到小冊子上，我也搞不懂為什麼。比起大腦，地球人好像更信賴筆記。

地球人增強記性的方法

- 金老闆就像地球人一樣記性很不好。所以把手冊看得很珍貴，而且很信賴手冊裡的內容。其他的地球人也和金老闆一樣，為了要讓記性增強，會運用各式各樣的方法。尤其像做筆記、反覆背誦、拍照、錄音等，他們會用這些大腦喜歡保存的各種方法。為了要記起來，地球人所做的努力真是可歌可泣。

- 雖然地球人的記性非常差勁，但地球人的大腦還是能夠把某些事物記得特別好。這似乎是地球人大腦的喜好。第一，地球人的大腦很懶惰，所以喜歡熟悉的事物。因此訊息需要不斷的反覆。特別是以短的間距為單位，並且持續灌輸的資訊，最能夠有效的被記住。第二，地球人喜歡地球人的聲音。這似乎是已經進化到能夠說和聽的地球人大腦的特性。因此地球人如果有想要記住的資訊，一定會發出聲音，自言自語反覆說好幾次來讓自己記起來。第三，地球人尤其特別喜歡和「我」有關的資訊。他們似乎非常喜歡他們自己。

記得太多事情也是問題

- 地球人明明想方設法想提升記憶力，卻又把記憶力過強視為疾病。

- 地球人稱記憶力超群的天才為「學者症候群」。有這樣症狀的地球人，能夠把電話簿、捷運的順序和百科辭典的內容全部倒背如流。如果是擁有超群記憶力的地球人，倒是能和埃吾蕾人比試一下記憶力。

- 據說患有學者症候群的地球人，大致上智能商數（IQ）都非常低。他們大部分左腦都有損傷，或是左右腦的連接有截斷的問題。好像因為這樣，地球人認為那些記憶力優於普通人的地球人是有問題的。如果單就記憶力來看，好像所有地球人都應該削弱左腦才能增強記憶力，但如果考量到地球人左右兩邊腦都使用的程度的話，還是先不要冒險嘗試比較好。

- 地球人認為記得不願記住的事情也是一種疾病。這些患有「超常記憶症候群」的人，不管自己願不願意，都會記得所有的事情。

- 患有超常記憶症候群的人，無法忘記過去悲傷的事情，以及對於那個事件的情緒感受，所以會一直承受那些不好的記憶的痛苦。（看來即便事情已經過去了，地球人仍然會受到事件情緒上的影響）可以肯定的是，記性太好也是問題，記性不好也是問題。

在記憶力和繪畫方面展現天賦的學者症候群地球人

這個叫做史蒂芬・威特歇爾的地球人，把他用肉眼見到的城市，像拍照一樣記在腦海中並畫了出來，也因此變得有名。那是一個叫做墨西哥的城市。挺帥的吧？

至少要是這種程度的記憶力才能和埃吾蕾人匹敵嘛！

©Gobierno CDMX / Wikimedia Commons

有趣的記憶力測驗

優秀的埃吾蕾人總是穿著紫色襪子。

你以為誰會記不得！

請讀一下這個句子，並把它再一次牢牢記在腦海裡。

拿出一張紙把上面的句子遮蓋起來。

現在開始解看看下面的題目吧。

---

1 算一算下面的題目。

20 - 4 = _____

16 + 17 = _____

8 × 6 = _____

4 + 15 - 17 = _____

---

2 寫出 4 個部首是水部的國字。

_____

_____

_____

_____

---

3 下面兩種東西的相似處是什麼呢？

胡蘿蔔和馬鈴薯
獅子和狼

---

4 畫出一個圓，然後標示出 1～12 的時鐘數字。接著再畫出 9 點 20 分的時針和分針位置。

現在還想得起來在測驗開始前叫你記住的那個句子嗎？

6

相同的事情，
不一樣的記憶

在地球人的大腦中植入假的記憶？

外星文明探險家羅胡德，找到了一個探索地球人文化的全新方法。這個方法不但輕鬆簡單又安全，還能一口氣就得到各式各樣的資訊，而這個好方法就是看電視，羅胡德尤其喜歡看電視劇。

羅胡德就像各種電視劇裡會出現的地球人爸爸一樣，躺在沙發上享受著電視劇。

這樣的外星文明探險真是舒適。

至少在入侵者登場之前是如此！

比起黑西裝人，這個突然間出現的敵人距離更近，因此也更加危險。這位麻煩的入侵者正是撿撿老奶奶。

不論怎麼鎖死大門，撿撿老奶奶都能如同空氣一般，不知不覺溜了進來，還遞出了散發著奇怪味道的地球食物。

偶爾還會帶其他的地球人來造成威脅，甚至在達成來訪的任務之後，仍然不肯輕易的離開。

記憶喪失症？從高處摔下來的話，記憶就會不見嗎？

好像是吧，電視劇裡都是那樣演的。

才不是。我小時候在遊樂園掉下來過，但我都還記得。而且記憶還很鮮明。

我以前一年級的時候在哈尼世界摔下來過。手臂上還裂了一個傷口，甚至還因此住進了醫院。在那件事之後，爸爸從此就再也不帶我們去遊樂園玩了。

嗚

抓一抓

……

奶奶那時候帶了粥來醫院，結果都被姊姊吃掉了，我因為這樣還大哭了呢。

桑妮確認完事實後，陷入了更大的衝擊當中。

桑妮真的沒有在遊樂園摔下來過，也沒有因為這樣
住進醫院。而奶奶也沒有帶鮑魚粥去過醫院，所以姊姊
把粥搶去吃的事情也沒有發生過。

到底是從哪個環節開始出錯的呢？

「真的沒有發生過那些事嗎？我明明記得啊？」

這所有的記憶都是假的。

在父母編造出來的假的記憶中，桑妮又再添加了假的記憶。

「我的天啊！把假的記憶記成真的都已經夠衝擊的了，那些假的記憶竟然還是我自己編造出來的？」

桑妮的眼前一陣暈眩。如果說連自己的記憶都不能夠相信的話，那到底應該相信什麼呢？

隔週星期日下午，埃吾蕾本部又出現了入侵者。

而且偏偏還選在埃吾蕾人正在保養地球人套裝，暫時露出真實樣貌的時候。

「你們喜歡吃煎餅嗎？」

撿撿老奶奶沒有任何預警的突然到來。

情急之下，埃吾蕾人火速躲到沙發後面去。周圍陷入一片令人窒息的靜默。埃吾蕾人一動也不動，等待著撿撿老奶奶的反應。

當下立即就傳來了撿撿老奶奶殺雞般的慘叫聲。

「我們太大意了。現在馬上追上去，把那個地球人抓住。」

阿薩迅速的把地球人套裝穿上。

羅胡德也一邊加快動作一邊問：

「我們抓住她之後下一步要怎麼做呢？」

「當然要消滅才行。」

阿薩和芭芭同時回答。

「你們是說要把桑妮的奶奶消滅嗎？」

只要是威脅到埃吾蕾人的安全，不管敵人是誰，都要去除！那是小隊最首要的原則。但是羅胡德並還沒有把撿撿老奶奶判定為「敵人」。

　　「不能把撿撿老奶奶消滅。撿撿老奶奶突然消失的話，其他地球人會覺得很奇怪，警察也會找來，作為鄰居的我們也會被懷疑，說不定到時候還要去一趟警察局。萬一因為那樣而不小心暴露了真面目的話……」

　　羅胡德把鄰居消失後可能會發生的狀況接連不斷的說出來。這都要拜他看的電視劇所賜，羅胡德透過電視劇徹底學習了地球人文化。

　　「那該怎麼辦？沒有其他辦法了嗎？」

　　聽完芭芭的話，羅胡德望向了阿薩。埃吾蕾最強的科學家阿薩一定會有更好的方法的！

　　「雖然很麻煩、費事，但可以不用消滅撿撿老奶奶，只要消滅掉她的記憶就好。」

「不是。不需要用那麼複雜的手法。看到桑妮了吧？地球人的記憶因為不完全，所以可以輕易的被竄改。拿出證據和虛假記憶混在一起就行了。芭芭待在這裡製造證據，我們去追撿撿老奶奶，並把虛假記憶注入她腦中。」

「怎麼做？」

「地球人的眼睛和記憶不可靠，所以我們先讓她對看到的事實產生懷疑。接下來再提出證據。」

「哎呀，跑著跑著腳踝好像受傷了啊！我傍晚還要
去舞蹈教室呢，這可怎麼辦啊！」

洪太太一邊揉著腳踝，一邊碎碎叨念。

在這個外星人不知道會不會把社區的人全部抓去吃
掉的危險時刻，竟然還在說跳舞的事！撿撿老奶奶對不
懂事的朋友發了火。

「洪太太，妳覺得現在跳不跳舞是問題嗎？」

「不然妳覺得什麼才是問題？外星人？這世界上哪
裡有外星人啊？哎呦喂呀，腳都快疼死了。妳看我走都
沒辦法走了。」

洪太太一直喊著腳疼，撿撿老奶奶感到很抱歉，於
是馬上放軟了態度。

「不是啦，我是說星期天醫院好像都沒有開……」

「松木醫院星期天應該也有開吧？好像有在招牌上看到過？」

洪太太的聲音也稍微軟化了下來。

「哪有，沒有開吧？」

「應該有開吧？」

兩位老奶奶雖然都在努力回想，但仍然沒有答案。

「我去問問我女兒再告訴妳。妳先坐在這等我。」

撿撿老奶奶朝著威妮美髮院走去，一邊走還一邊哂著嘴，自言自語抱怨著自己記性越來越差，真是糟糕！

「威妮啊，那個松木醫院……」

撿撿老奶奶一打開美髮院的門，就和歐洛拉對到眼。暫時忘記的外星人又再一次從腦中浮現起來。

「對了，外星人！哎呦喂，阿薩媽媽，出大事了。我剛剛進去了阿薩家，看到裡面有外星人。有一個像 ET 的外星人，還有毛茸茸的外星人跟好幾隻腳的外星人……那些傢伙萬一把阿薩和其他家人都抓去吃掉的話怎麼辦啊？妳趕快打通電話去看看吧！」

威妮院長在一旁聽了感到很無語。

「媽，太荒謬了吧？您說哪裡有外星人？」

在外面一直觀察著情況的羅胡德和阿薩趕快走進了美髮院。歐洛拉用凶狠的眼神瞪著他們兩個。

「唉呀，阿薩平安無事呀！好險啊！你們家裡出現了外星人，都不知道我有多麼驚嚇！」

撿撿老奶奶一把抓住阿薩的手。阿薩迅速把手收回來，一邊回答：

「我們家沒有外星人。」

「才不是，有外星人。我就跟你說我看見了。現在絕對不能回家。萬一遇到外星人怎麼辦？」

「您有證據嗎？」

「證據？我的眼睛，我的記憶都是證據啊！」

「地球人的眼睛常常會引發錯覺，記憶也總是會被扭曲。」

「你不相信我說的話嗎？那麼現在就馬上出發。一起去看看到底有沒有外星人。」

這正是阿薩期盼的結果。不久前剛收到了芭芭傳來的訊息「證據捏造完成」。

「好的，奶奶。去我們家確認看看吧！威妮院長也一起去吧！」

阿薩除了邀請將被竄改記憶的撿撿老奶奶，還多邀請了一個能在一旁成為證人的地球人。

證據捏造完成！

那時候我看到的不是玩偶，明明是會動的。

這該怎麼回答呢？

應該是圖圖跑來跑去不小心碰到的啦！

啪

咧

咧

咚～

是……是那樣嗎？不對啊，我明明看見了啊！

唉呀，是媽您看錯了啦，可能老花變嚴重了。

真是不好意思打擾了。你們好好休息吧！

「媽媽您也真是的。明天跟我去配副新眼鏡吧！」

威妮院長嘖嘖的咂著嘴，回到了家裡。

撿撿老奶奶覺得很冤枉。明明就看見了，為什麼都沒有人願意相信她的記憶呢？另一方面也因為大家都說她的記憶是錯的，害她也開始懷疑起了自己的記憶。

「大家都說不是，好像又真的不是。我真的有看到外星人嗎？我能確定真的不是幻覺嗎？也是啦，這輩子活了 70 年都沒見過的外星人，突然就在隔壁鄰居家看到，的確是蠻奇怪的。」

撿撿老奶奶一邊走著，一邊歪著頭東想西想，回到了家後便躺到了沙發上，精力都耗盡了。有種好像忘記了什麼重要的事情似的，心裡不踏實。

奇怪，撿撿太太不是說要問醫院的事情回來告訴我，怎麼還不來？

吸吸

地球人的記憶能被竄改

 地球2019年6月23日　　埃吾蕾7385年20月67日／撰寫人：芭芭

**地球
事件
概要**

* 隔壁鄰居家的撿撿老奶奶時不時就侵襲埃吾蕾本部。她似乎很享受突然拜訪鄰居
家。因此我們一直以來儘可能在一樓時都是維持地球人的樣子，偏偏在我們正在
保養人形套裝時，不小心在撿撿老奶奶面前短暫暴露了0.01秒鐘的真面目。

* 我們原本考慮要消滅撿撿老奶奶，但羅胡德反對。羅胡德根據在電視裡看過的內
容，學到了很多在地球上關於鄰居消失不見後會
發生的事。別忘了地球人總是對其他人的事
情很感興趣。如果鄰居消失不見的話，其
他的鄰居都會受到懷疑。

扭曲地球人記憶的方法

- 當地球人發現我們是埃吾蕾人的時候有幾個辦法。其中最簡單的方法
就是扭曲地球人的記憶。地球人為了快速地處理資訊，有時候他們自
己也會扭曲自己記憶中的事實。我們必須好好利用這一點。

- 地球人的認知能力有限，所以當遇到資訊不斷進來時，處理和消化上
會遇到困難。就像轉學或是轉換職場等情況，處於新環境的地球人會
感到很有壓力，就是因為周圍都是全新的刺激，以及需要處裡的資訊
增多的緣故。不過就是換個學校或是職場嘛！埃吾蕾人可是連行星都
換了。

- 地球人傾向於用孰悉的方式來處理資訊。在這個過程中，地球人會不
小心就忽略了真實情況。我們利用了撿撿老奶奶不熟悉外星人的這一
點，成功竄改了撿撿老奶奶的記憶。

睡眠對地球人有多重要？

- 地球人一天中有三分之一的時間在睡覺。雖然說是在一天 24 小時中建議睡眠 8 小時，但剛誕生的小寶寶幾乎一整天都在睡覺，十幾歲的青少年們為了讀書，根本睡不足 8 小時，而大人們為了工作，或為了玩樂，真正睡滿 8 小時的似乎並不多。應該來研究地球人一輩子總共花了多少時間在睡覺。地球人在睡覺時會處於無防備狀態。

- 地球的醫生很強調睡眠的重要性，也鼓勵成人要睡滿 7 小時以上。所有的生命體都一樣，如果不睡覺，是沒有辦法存活的。就連埃吾蕾人也是。因為當人在睡覺的時候，大腦內會產生各種修復作用。

- 對於地球人來說，睡眠有很多樣的作用。睡眠能夠使免疫系統修復，並且提供神經細胞修復的時間。甚至還能幫助記憶當天的經驗（不知道地球人的記憶力這麼差，會不會就是因為睡眠不足的緣故。）還可以引發創意性的思考，並找出新的資訊之間的關聯。腦下垂體還會分泌肌肉生長所需的生長激素。

- 在睡著的期間，地球人的大腦運作的比想像中還要忙碌。不知道是不是因為這樣，所以地球人醒著的時候才不太使用腦。

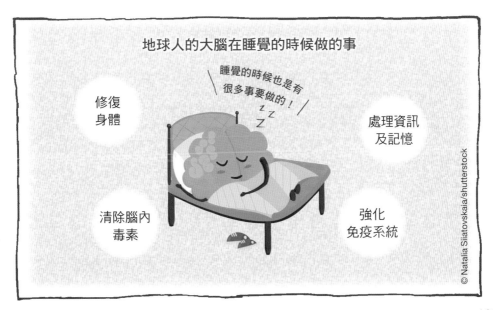

地球人的大腦在睡覺的時候做的事

睡覺的時候也是有很多事要做的！

修復身體

清除腦內毒素

處理資訊及記憶

強化免疫系統

© Natalia Siiatovskaia/shutterstock

133

擁有地球上所有資訊的地方是電視劇？

- 地球人非常喜歡看電視劇。他們會一邊預測電視劇的劇情，然後確認自己預測的結果，同時享受著似乎是自己在控制整部戲劇的錯覺，因為這樣的錯覺能夠帶給地球人滿足感。他們會為在現實中無法實現的事情在劇中實現了而高興，還會盡情的罵劇裡的大壞蛋，享受這種代理滿足。活在電視劇裡幸福美滿世界中的地球人，似乎認為自己的現實生活也會是幸福美滿的。

- 電視劇的題材相當豐富。愛情、家庭、人工智能、歷史、分身、醫學、法律、地獄使者、復活、漫畫、遊戲、學校、鬼神、時間旅行等。有很多故事是實際發生在地球人的生活中，但也有很多故事不是。這不僅是觀察地球人生活的好方法，也是觀察他們腦中想法的好方法。還可以學到地球人在每一種情境下是怎麼行動和說話的。

- 然而，電視劇裡的情境和台詞看似很平常，但其實都不平常。如果學電視劇裡的台詞那樣講話的話，別人會覺得你很奇怪。還有，如果相信了那些地球人日常生活中不會發生的事情，很可能會被懷疑是外星人。所以在利用地球電視劇來研究地球人的時候，程度上需要適當的拿捏。（總之非常好玩，地球人編故事的才能實在優秀。）

7

願你只會做
美好的夢

地球人的記憶和夢
是有所連結的

「1、7、24、29。」

盧伊趁著忘記之前，把在夢裡看見的數字記錄到手機裡。

「才四個數字啊？ 要簽樂透需要六個數字才夠。」

夢裡出現的數字就是樂透頭獎的號碼！盧伊對此深信不疑。

盧伊有很多的夢想。他的第一個夢想就是中樂透。要是中了樂透，他就要打扮穿得超級帥，然後馬上出發去宇宙旅行！

「沒關係。雖然現在只有四個數字，但只要繼續做類似的夢，剩下的數字也會全部出現的。從今天開始，我要一直看宇宙的電影，一直想著宇宙旅行入睡才行。沒有道理做過一次的夢不會接著做下去吧？」

盧伊每天都看有太空船出現的電影，然後邊想著數字邊入睡。但從那之後，都再也沒有夢過幸運的夢。

　　盧伊非常努力要想起在夢裡連見都沒見過的數字，以至於完全沒發現阿薩站在結帳櫃檯前等著。阿薩也一直盯著盧伊在卡片上標示的數字看。

　　「是很重要的數字嗎？這些數字間有什麼規則呢？」

　　盧伊意識到盯著他看的可疑目光，於是抬起頭來。

　　「帥氣小鬼來啦，你也對樂透感興趣嗎？」

　　「樂透是什麼啊？」

　　難道地球上有連埃吾蕾的最強數學家阿薩也不知道的數字規則嗎？

「你連樂透也不知道嗎？樂透就是一種彩券，在45 個數字中，如果對中 6 個數字的話，就會得到超乎想像的獎金。我前幾天在夢裡看見 4 個幸運數字呢！」

地球人會透過夢境，將重要的記憶長久保存下來，並將不重要的記憶刪除。然而，把每一瞬間都像是拍照一樣，鮮明的記憶下來的埃吾蕾人是不做夢的。

「可是我有兩個數字沒看到。你覺得會是什麼？」

「八千一百零四萬五千零六十分之一。」

阿薩對盧伊的問題答非所問。

「盧伊哥哥中樂透的概率，比一顆能把城市撞毀的大顆小行星撞地球的概率還低。假如每週都購買價值250 元的彩券，這樣大概是時隔 3120 年會中獎一次。哥哥你現在是盼望著那罕見的機率，而投資自己的錢嗎？」

「所以才是樂透啊！雖然概率很低，不過一旦中了獎，就可以獲得一大筆錢。」

依照地球人的平均壽命來看，這個概率是地球人這輩子要達到一次中獎都非常困難的標準。但如果說地球人和埃吾蕾人活得一樣久的話，那就說不準了。

即便是如此，地球人仍然對樂透如此執著的理由是什麼呢？阿薩迅速的搜尋了一下，原來這都是因為地球人大腦中的**報償中樞**。

即便概率相當的低，但只要相較之下能獲得更大的報償，光只是在腦中想像它，就能夠讓心情變得非常好。所以客觀的概率變得沒有意義，腦中只剩下想像中獎的喜悅，就如同此刻的盧伊。

「哼！就算是像你所說的那樣，這還是可行的好嗎！幾乎每個禮拜都有超過一人以上中頭獎。也就是說那些人當中，有超多人都跟我一樣做了預知夢。」

盧伊鬧起了彆扭，對潑他幸運之夢冷水的阿薩突然加重說話的口氣 。對地球人的情緒變化不感興趣的阿薩搞不清楚狀況，一邊分析了準確的實際情況，同時又再一次惹毛了盧伊。

「夢是睡眠期間大腦在整理記憶的過程中產生的現象。除了很難夢到自己想要的夢，要在夢裡預測未來，甚至還是預測樂透號碼，根本是不可能的事。」

「那倒不是⋯⋯唉，我每次說了大家都不相信。」

撿撿老奶奶遲疑了一下。如果說自己看過外星人，人們除了只會回哪有外星人，還會把奶奶當成奇怪的人。每次都聽到這些回答，害奶奶也開始懷疑自己了。

「我記性真的出問題了嗎，該不會是老年癡呆了吧？」

盧伊一臉正經的對著猶豫不決的撿撿老奶奶說：

「老奶奶，誰說沒有外星人？外星人早就來到地球了，說不定還正在注視著我們的一舉一動呢！」

啊，如果是盧伊這個孩子的話，應該可以聽懂。撿撿老奶奶把外星人夢的事情徹頭徹尾的說給盧伊聽。

「我夢裡出現的外星人的樣子啊⋯⋯」

哇嗚，老奶奶
您畫得好好啊！

「不過這些是在電影裡面出現過的外星人吧！這隻
長得像 ET，這隻像章魚腳火星人，這隻應該是電影《怪
獸電力公司》裡的毛怪吧？但您真的很有繪畫天分。」

盧伊咯咯的笑了。撿撿老奶奶覺得很尷尬，於是趕
快轉移了話題。

「我沒說我看到的是真的外星人啊？我只有說在我
夢裡出現了奇怪的東西。」

「呵呵，不過啊，老奶奶。聽說真正的外星人不是
長這樣的。聽說他們會變裝成和我們一模一樣才來到地
球。所以您不用害怕像這樣的東西。」

「誰說害怕了？我都說了這就是夢而已啊！」

撿撿老奶奶於是洩氣的回家了。

那天晚上，羅胡德拿蒐集資訊做為藉口，跑到了便利商店去。

「為了探索地球飲食文明，我要來嘗試外星人博士常吃的燙燙麵！」

羅胡德拿起燙燙麵，結果嚇了一大跳。放泡麵的架子底下，掉下一張埃吾蕾探查隊的畫像！一張上面清楚的畫著羅胡德自己、阿薩，還有芭芭的圖畫……

羅胡德用顫抖的手拿著那張畫走向盧伊。

「盧伊，這是什麼？」

「啊，那個嗎？桑妮的奶奶畫的。作品的名字是夢裡見到的外星人？呵呵，話說我都不知道原來老奶奶是科幻電影狂熱迷。」

「原、原來如此。外星人也不是長這樣的……」

羅胡德把那張敏感的圖畫偷偷地摺起來放進口袋，舉起手指向了外面。

「是長那樣才對。」

恰巧鄭博士就在這個時候走進了便利商店。盧伊帶著隱隱的微笑附和羅胡德。

「沒錯！」

最近很常見面呢。

羅胡德扔下燙燙麵，衝回去了本部。

「緊急狀態。桑妮的奶奶在夢裡看見埃吾蕾人。我們雖然竄改了老奶奶的記憶，但夢沒有被改到。」

羅胡德攤開了桑妮的奶奶畫的圖畫。

只有我沒被畫到。

特徵都有很細膩捕捉到。

記憶力不同於一般地球人的好呢！

大事不妙了。怎麼辦？我們要逃跑嗎？

我們已經竄改過她的記憶了。

如果把撿撿老奶奶整個人都消除掉的話會有點危險。

既然這樣的話，我們這一次來竄改她的夢吧！

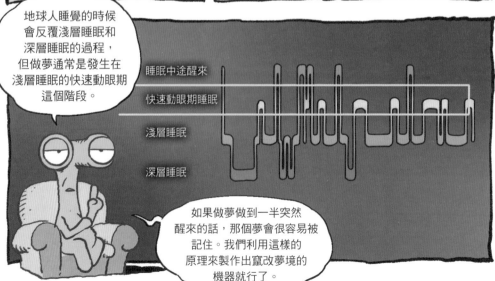

地球人睡覺的時候會反覆淺層睡眠和深層睡眠的過程，但做夢通常是發生在淺層睡眠的快速動眼期這個階段。

睡眠中途醒來

快速動眼期睡眠

淺層睡眠

深層睡眠

如果做夢做到一半突然醒來的話，那個夢會很容易被記住。我們利用這樣的原理來製作出竄改夢境的機器就行了。

芭芭是遙遠的埃吾蕾星球上最頂尖工程學家。多虧了在芭芭那精巧的雙手下誕生的技術，埃吾蕾探查隊才能夠通過蟲洞來到地球。對那樣的芭芭來說，要做出竄改夢境的機器根本就是小事一件。

　　芭芭買了幾種地球人發明，和記憶有關的器材。有提高記憶力的器材，幫助睡得香甜的器材，能夠催眠的器材，甚至還有製造夢境的器材。

　　「地球人的夢境操縱技術還不夠完美，那就讓我直接來做出一個吧！」

當撿撿老奶奶進入快速動眼期睡眠階段的時候，放電視劇給她看。

在她做電視劇之夢的中途先把她叫醒。

嗯啊……

當她在做我們捏造的夢的中間醒過來的話，她就只會記得那個被捏造的夢。

嘿！

你應該都只放了撿撿老奶奶會喜歡的夢吧？

芭芭帶著夢境操縱機器去拜訪了隔壁鄰居家。

「桑妮的奶奶，聽說您最近做了惡夢啊？這是一台可以讓您睡得又香又甜的機器。您試一試吧。」

「真的嗎？果然只有同輩之間才會懂我們這種老人家的心情。謝謝啊！」

撿撿老奶奶沒有抱任何的懷疑，馬上就收下了詭異的機器。

地球人會賦予夢境
各式各樣的意義

🌍 地球2019年6月30日　🧠 埃吾蕾7385年21月29日／撰寫人：阿薩

地球事件概要

* 今天目擊到了地球人非理性的離奇畫面。盧伊只因為在夢裡看到了數字，就把自己一小時的打工時薪拿去買彩券。他很肯定在夢裡看到的數字就是中獎號碼。
* 彩券是貪圖「偶然的幸運」的特殊制度。（看盧伊這麼認真的看待，這似乎不是娛樂）而且地球人還會因為彩券產生非常大的情緒起伏。
* 本來以為撿撿老奶奶的記憶已經被消除了，沒想到撿撿老奶奶仍在夢中不斷的看見埃吾蕾人。我認為盧伊的夢是非理性的，但撿撿老奶奶的夢卻看起來像是潛意識的體現。
  總而言之，為了埃吾蕾探查隊的安全考量，我們連撿撿老奶奶的夢也一起竄改掉了。

地球人無法把夢百分之百記住

- 地球人一天會做 5 個左右的夢。有的夢甚至會持續到 40 分鐘。地球人做夢的內容，大部分是生活中經驗的事物。特別是如果那一天經驗到了全新的東西，當天的夢裡就很有可能會清晰呈現那個經驗。

- 無法確定究竟做夢是在地球人睡眠的哪個階段發生的。不過因為大腦在清醒狀態時，才能夠記住接收進來的資訊，所以人們認為一般是在快速動眼期睡眠階段時會做夢。做為參考，快速動眼期睡眠階段和地球人大腦的清醒狀態很相似。

- 地球人無法記住夢是因為在睡覺的這段期間，負責知覺感受或是控制身體動作的「大腦皮質」以及掌管記憶保存的「海馬迴」之間的連結變弱的原因。然而，當在做惡夢時，通常會有強烈的刺激，夢境內容大多也都很奇怪，所以從大腦皮質傳送到海馬迴的信號也會變強。因此惡夢會更容易記得。

作夢的大腦

地球人常常會混淆夢境和現實。可能是因為夢就在我們的眼前清楚的呈現，而我們的身體也可以自由活動的緣故。但夢就僅僅是在大腦中發生的事情而已。雖然地球人的大腦在陷入睡眠的期間，活動量會減少會減少近75%，但在做夢時，大腦運作就和清醒時活動一樣活躍，還會創造出許多事件。

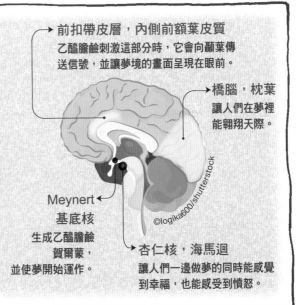

前扣帶皮層，內側前額葉皮質
乙醯膽鹼刺激這部分時，它會向顳葉傳送信號，並讓夢境的畫面呈現在眼前。

橋腦，枕葉
讓人們在夢裡能翱翔天際。

©logika600/shutterstock

Meynert 基底核
生成乙醯膽鹼賀爾蒙，並使夢開始運作。

杏仁核，海馬迴
讓人們一邊做夢的同時能感覺到幸福，也能感受到憤怒。

地球人的夢境使用方法

讓我在夢裡看見豬和便便！

- 地球人會賦予夢許多的意義。有叫做吉夢的夢，和夢裡常會出現的素材。像是豬、大便、祖先等。如果做了吉夢，地球人就會在那天跑去買彩券。彩券中獎的機率比隕石墜落到地球上的機率還低。儘管如此，地球人還是相信那天，中獎的機率會突然急劇增加。總之，如果在你的夢裡出現了對地球人來說也能算是祖先的埃吾蕾人，那就去買張彩券吧！在哈拉哈拉消失不見，而必須賺錢的情況下，說不定會有幫助！

- 據說有些地球人在夢裡看見了未來。一位名叫克里斯羅賓森的預言家在夢裡預見了英國王妃的車禍，據說也看見了美國的911恐怖襲擊事件。實際上在這些事件發生後，美國和英國的情報局都向這位預言家提出邀請，請求他幫。竟然為了情報而相信夢裡的預言，埃吾蕾人絕對無法理解這一點。所謂的夢，究竟對地球人是什麼樣的意義呢？

鄭在勝
企畫

在 KAIST（韓國科學技術院）獲得了物理學學士、碩士和博士學位。經歷包含耶魯大學醫學院精神病學系博士後研究員、高麗大學物理系研究教授以及哥倫比亞大學醫學院精神病學系助理教授，現為 KAIST 腦認知科學系教授。除了一邊探索著我們的大腦究竟是如何做出選擇的，同時也在研究能否藉由應用這一點，使人們可以透過想法來操作機器人，或創造出能像人類一樣判斷思考並做出選擇的人工智能。著作有《鄭在勝的科學演奏會》（2001）和《12 個腳印》（2018）等。

鄭在恩
文字

在這個企畫項目進行的期間，一下子是阿薩，一下子又變成羅胡德，有時候又變成歐洛拉或芭芭，像這樣不斷反覆的轉換並投入角色來完成這一整本圖書的故事。因為自己也不曾去過埃吾蕾行星，也沒有打開地球人的大腦來看過，為了創作編寫這些故事，必須非常認真的做許多研究和學習。著作有《胖粉基因偵查隊》、《孟德爾叔叔家的豌豆園》、《神祕數學幽靈》系列叢書等多部兒童讀物。 是一個腦中的寬廣宇宙無窮無盡，充滿創意的說故事的人。

金現民
繪圖

早早就擴展市場到歐洲的韓國漫畫家。在大學主修了工業設計後，因為小時候的夢想，而成為了一名漫畫家。透過參展法國昂古萊姆圖書展的契機，現在在法國出版社創作冒險漫畫《Archibald 阿奇博爾德》。喜歡能夠發揮想像力，像是非人類的怪物或是新奇的新角色等的圖畫。雖然身體無法脫離地球，但他的大腦就是一個漫遊者，夢想成為外太空旅人。

李高恩
文字

認知心理學家，將地球人的心理狀態以科學的方式說明並呈現，除了是她的興趣，還是她的專長。在釜山大學獲得了心理學學士學位和認知心理學碩博士學位後，便持續從事教學和研究工作。在科學網絡雜誌《Science On》上通過連載「探索心理實驗」作為開始，至今不斷透過各種媒體介紹心理學，同時出版了《內心實驗室》（2019），是一位講述科學故事的閃亮新星。

腦力激盪時間
第3冊搶先看

不能錯過的最後頁數
用著色遊戲和小測驗來放鬆大腦，
讓大腦變得有彈性吧！
找好朋友一起進行的話，
更是趣味加倍喔！

在10秒內找出5個圖片
不一樣的地方！

考考記憶力
小測驗！

1 歐洛拉變回原本埃吾蕾人的樣子時，共有幾隻眼睛？

2 鄭博士之前說過，有一個通道連接著相互不同的時空，也就是連結兩個黑洞的那個道路叫做什麼？

3 偷走孫太太包包的小偷到底是不是穿白色T恤呢？

4 宥妮喜歡的哥哥叫什麼名字？

5 羅胡德在埃吾蕾行星上曾是○○○○○○俱樂部的會長。這個俱樂部的名字是？

6 桑妮一年級的時候弄傷手的正確地方是？

7 鄭博士每天都吃的泡麵名字是？

請在書裡找看看答案吧！

第3冊搶先看

小心總是任意發洩的
地球人情緒！

目前順利成功的「完美外星人計畫」看來是萬無一失了。

然而，在埃吾蕾探查隊的周圍不斷的有奇怪的人物出沒，他們好像是黑色西裝人卻又不是黑色西裝人。他們的真實身份是什麼，究竟又是為了什麼要找外星人呢？

「那間美髮院裡好像有外星人！」

可疑的地球人和埃吾蕾人的距離越來越靠近，終於還是襲擊了歐洛拉工作的美髮院！

歐洛拉到底能不能平安無事呢？

與此同時，在與地球人一同生活的過程中，埃吾蕾人發現了一些不尋常的東西。就是情緒！因為這些被情緒所操縱的地球人，使得埃吾蕾人不斷的被捲入麻煩的事情中。

「阿薩，你等著看。」

「真的很難過！」

「羅胡德叔叔要為這件事情負責！」

　　埃吾蕾探查隊什麼事也沒有做。但是地球人到底為什麼要這樣呢？在理性又講究合理的埃吾蕾人眼裡，只覺得情緒化的地球人很愚蠢。埃吾蕾人對摸不著頭緒的地球人情緒感到厭倦，而就在這時，一份祕密文件從埃吾蕾人的基地傳送出去。

　　埃吾蕾探查隊想把地球怎麼樣呢？從隨心所欲行事的地球人到黑色西裝人，撿撿老奶奶的倉庫裡堆放的這些數量驚人的物品又是在搞什麼啊？

　　埃吾蕾人觀察地球人的「情緒篇」，將在第三冊的故事內容中繼續探索下去。

科學小偵探 1：神祕島的謎團

科學知識 ✕ 邏輯推理 ✕ 迷宮逃脫 ✕ 燒腦謎語

三位科學小偵探即將前往神祕島，迎接未知挑戰，
一場緊湊刺激的腦力大激盪即將展開！
隨著一關關的解謎過程，
學習生物、物質、浮力等科普知識，
只要理解科學原理的關鍵點，
所有的謎團都將一一破解！

單位角色圖鑑：

什麼都想拿來量量看！78 種單位詞化身可愛人物，
從日常生活中認識單位，知識大躍進！

★給好奇孩子的「超入門單位圖鑑書」★

你聽過公尺、公升、加侖，
但是你有聽過海里、光年、流明、勒克斯這些單位嗎？
課本上常出現、令人頭痛的單位詞，一本澈底搞懂！
輕鬆培養孩子的數感及量感！

小學生的驚奇科學研究室：

顛覆想像的 30 道科學知識問答

★符合 108 課綱，培養「科學」與「閱讀」素養★

互動式閱讀情境 ✕ 有趣科學事實，
收錄自然科學、、地球科學、生物學等多種知識
滿足好奇心，一翻開就想看到最後！

機關偵探團 1：送茶人偶之謎

★ 邏輯思考 × 機關原理 × 閱讀能力 ★

解鎖孩子更多推理知識技能！
謎題猶如轉動的齒輪接踵而來，
只要解開其中一點，一切都會迎刃而解！

◎ 隨書附：手作機關教學

機關偵探團 2：解開懷錶暗號

★ 邏輯思考 × 機關原理 × 閱讀能力 ★

解鎖孩子更多推理知識技能！
謎題猶如轉動的齒輪接踵而來，
只要解開其中一點，一切都會迎刃而解！

【漫畫圖解】
快問快答，災害求生指南套書
（地震 + 水災）

★ 看漫畫，輕鬆學防災知識 ★

水災來臨時，到底應該怎麼做？
為了讓事發的一秒鐘做對決定，
現在一起來訓練地震與水災應變快問快答！

突如其來的元宇宙：
把笑容還給茱麗葉

★首本給孩子的元宇宙小說！
★韓國網路書店童書類百大排行榜！

閱讀過的書本數就是你的元宇宙點數，
搭上為解決孩子煩惱存在的巴士，
來到現實與虛擬緊密連結的虛擬世界，
展開暢遊古典文學結合未來想像的冒險！

NHK 中小學生反霸凌教室
（全套三冊）

★日本 NHK 打倒霸凌節目改編★

什麼樣的班級，最容易發生霸凌？
要是發生了霸凌事件，又該怎麼做？
從被害者、加害者及旁觀者角度全方位剖析，
共同打造零霸凌的校園生活！

小學生最實用的生物事典：
動物魔法學校＋生物演化故事
（隨書附防水書套）

★讓孩子輕鬆愛上理科的「圖像式趣味科普套書」★

為什麼動物都身懷絕技？
這些看似不可能辦到的事情，動物都能做到，
變色龍會消失、電鰻是天然發電機……
難道，牠們擁有魔法嗎？
106 種動物驚奇演化史＋幽默對話＋知識學習

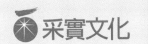 采實文化 童心園

★警告！外星人入侵地球！★
想要征服地球、理解地球人的話，
首先必須瞭解他們的大腦！

https://bit.ly/37oKZEa

立即掃描 QR Code 或輸入上方網址，

連結采實文化線上讀者回函，

歡迎跟我們分享本書的任何心得與建議。

未來會不定期寄送書訊、活動消息，

並有機會免費參加抽獎活動。采實文化感謝您的支持 ☺

童心園 274

【小學生的腦科學漫畫】

人類探索研究小隊02：為什麼我們常常記不住？
정재승의 인간탐구보고서 2 인간의 기억력은 형편없다

企　　畫	鄭在勝（정재승）
作　　者	鄭在恩（정재은）、李高恩（이고은）
繪　　者	金現民（김현민）
譯　　者	林盈楹
責任編輯	鄒人郁
封面設計	黃淑雅
內頁排版	連紫吟・曹任華

出版發行	采實文化事業股份有限公司
童書行銷	張惠屏・侯宜廷・陳俐璇
業務發行	張世明・林踏欣・林坤蓉・王貞玉
國際版權	鄒欣穎・施維真
印務採購	曾玉霞・謝素琴
會計行政	李韶婉・許�瑀・張婕莛
法律顧問	第一國際法律事務所　余淑杏律師
電子信箱	acme@acmebook.com.tw
采實官網	http://www.acmestore.com.tw
采實文化粉絲團	http://www.facebook.com/acmebook
采實童書FB	https://www.facebook.com/acmestory/

ＩＳＢＮ	978-626-349-009-3
定　　價	350 元
初版一刷	2022 年 11 月
劃撥帳號	50148859
劃撥戶名	采實文化事業股份有限公司
	104台北市中山區南京東路二段95號9樓
	電話：(02)2511-9798　傳真：(02)2571-3298

國家圖書館出版品預行編目資料

（小學生的腦科學漫畫）人類探索研究小隊 . 2, 為什麼我
們常常記不住？/ 鄭在恩, 李高恩作；金現民繪；林盈楹譯 .
-- 初版 .-- 臺北市：采實文化事業股份有限公司, 2022.11
　面；　公分 .-- (童心園；274)
譯自：정재승의 인간 탐구 보고서 . 2
ISBN 978-626-349-009-3(平裝)
1.CST: 科學 2.CST: 漫畫

308.9　　　　　　　　　　　　111014840